超级科学+系列

玩具的秘密

青橙/编著　　陈月红/译

华东理工大学出版社
EAST CHINA UNIVERSITY OF SCIENCE AND TECHNOLOGY PRESS

·上海·

U0381326

剧情回顾

　　牛仔警长胡迪在小女孩邦妮的家里认识了新的朋友叉叉，它是邦妮在幼儿园的手工课上用一把塑料叉子做的玩具。但叉叉一直认为自己不是玩具，不属于这里。在帮助叉叉融入玩具大家庭的过程中，胡迪遭遇了一系列冒险，途中还遇到了曾经的朋友牧羊女宝贝。在这之后，胡迪选择尊重自己内心的声音，去寻找自己真正想要的生活。

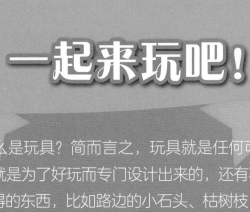

一起来玩吧！

什么是玩具？简而言之，玩具就是任何可以玩的东西！有很多玩具就是为了好玩而专门设计出来的，还有不少玩具来自身边随手可得的东西，比如路边的小石头、枯树枝、我们吃饭用的小勺子……想象力丰富的孩子们可以把它们统统变成玩具。不管玩具长什么样，是大还是小，从何而来，只要好玩有趣就行！

★ 浏览本书封面
- 看看封面，猜一猜这本书可能讲了什么内容。
- 你读过其他关于玩具的书吗？

★ 翻开书看一看
- 目录里列出了多少种玩具类型？
- 看一看书里的插图，里面哪些玩具是你见过的？
- 书里的哪张图最吸引你？为什么？

★ 试着说一说
在你拥有的玩具中，你最喜欢的是哪一个？它叫什么名字？请说出喜欢它的三个理由。

玩具可不仅仅是表面上有趣，只要是玩具，都是按照一定的科学原理运作的。无论是弹跳、发光，还是走路、说话，甚至开车，全都蕴含着科学！继续阅读，去了解玩具中的无穷科学奥秘吧！

目录

古老的玩具

胡迪和盖比娃娃是20世纪50年代被制造出来的玩具，也许你会感叹：哇，这么古老！但事实上，很多玩具比它们还要古老得多。自有人类以来，玩具就开始与孩子们为伴。古代的玩具都是就地取材做成的。虽然这些玩具看起来简简单单，不过也同样充满科学奥秘！

原始的玩偶

玉米苞叶玩偶

由橡子和火柴棍
做成的小人儿

早在用纺织物制作玩偶之前，孩子们就会从大自然中找寻各种东西拼装成玩偶了。比如，玉米苞叶玩偶就是把棍子和玉米苞叶绑在一起做成的。看起来是不是土里土气的？但也很可爱吧！

棍子和石头

　　看似不起眼的棍子和石头其实就是最古老的玩具。在孩子们的想象下，棍子和石头组合在一起，有数不清的创意玩法，比如，它们可以充当球棍和球。现在就请你找来一根棍子和一块石头，开动你的小脑筋，动手做一做，尝试各种花样玩法吧！

泥巴玩具

　　很久以前，孩子们会用泥巴捏各种小人儿、小动物和其他造型，做成玩具。随着水分的蒸发，软软的泥巴会逐渐变干、变硬，最后就变得有模有样啦！

经典的玩具

　　20世纪50年代初，蛋头先生问世啦。起初，这种玩具只是一些零散的塑料插件，比如五官、手脚、帽子等等。孩子们可以将这些插件插在真实的土豆或者其他蔬菜上，让它们拥有表情和四肢。1964年，塑料的"蛋头"首次出现在玩具组件中，成为美国当时家喻户晓的玩具。随着岁月的变迁，人们学会了利用各种天然的或者合成的材料并结合各种力学知识，制造出更为复杂的玩具。

瓷娃娃

　　瓷娃娃是一种陶瓷制成的玩偶，它们的脑袋和身体都光洁明亮。牧羊女宝贝就是一个瓷娃娃。瓷器是中国的伟大发明：把一种叫作高岭土的黏土制成需要的形状，放置在瓷窑中，加热到约1000摄氏度，就可以烧制成瓷。大约在1200年前，制瓷技术从中国慢慢传播到世界各地。19世纪中后期，德国的玩偶制造产业蓬勃发展，现在大部分古董瓷娃娃都产自德国。

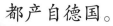

机械玩具

像双筒望远镜莱尼和锡铁小兵这类的机械玩具已经流行了近2500年。这些玩具的运动原理就是把来自弹簧或其他构件的势能转化为动能。机械玩具的内部构件通常包括杠杆、滑轮、轮轴、斜面、尖劈、螺旋——这六种装置叫作简单机械。简单机械可以改变力的大小和方向。

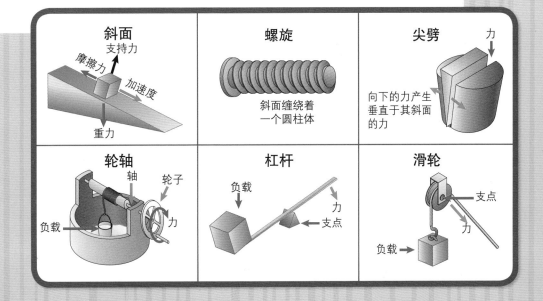

布娃娃

大约在公元前34000年，人类发明了纺织品。纺织品是指用棉、麻、丝、毛等纤维制成的柔软材料。这些材料可被任意裁剪、加工成各种形状，然后依照不同需求用针线缝制在一起。在纺织品出现后不久，最早的布娃娃就可能诞生了！

木制玩具

安迪的很多玩具都是塑料的——积木除外。在古代，孩子们玩的木制玩具大都是手工雕刻出来的。不过，在18世纪60年代至19世纪中期，工业革命的出现改变了这一切！人们学会了利用机器和自动化装置制造许多东西，其中就包括木制玩具。

工厂制造

在工厂车间里，工人和机器合作完成玩具的生产。前期的大部分工作由机器来完成，包括木头零件的切割、塑形、打磨和上漆。后期通常需要工人组装部分或全部的零件，玩具上精美的图案也是由工人们手工绘制的。

给木制玩具上色

木雕机器

套娃

　　木制套娃，又叫俄罗斯套娃，因其发源于俄罗斯而得名。在过去，这些娃娃是纯手工制作的。如今，机器可以帮助人们对套娃进行塑形、打磨、上漆和装饰。告诉你一个关于套娃的小秘密：无论是过去还是现在，一组套娃必须由同一块木头制作而成。这是为什么呢？原来，木头会受到空气中水分的影响而变形。当空气潮湿时，木头会膨胀；当空气干燥时，木头会收缩。如果使用的是同一块木头，一组套娃中的所有娃娃便会以同样的程度膨胀或收缩。但如果使用了不同的木头，这些娃娃就很难再准确地嵌套在一起。

压扁的锯末

　　锯木头时产生的锯末也不是一无是处，它可以用来制作形状各异的玩具和配件！玩具工人们首先将锯末染色并添加少量胶水，然后倒入模具中进行压制，最后等胶水干透，便得到了成品。成品无论看起来，还是摸上去，都几乎和整块的木头一模一样！用这种方法，玩具制造商可以制造出各种形状复杂的玩具和配件，无须再进行雕琢加工。

塑造成型

现代的许多玩具，如战斗卡尔和小酒窝咯咯，都是用模具塑造成型的。也就是说，它们最初是柔软的或者熔化了的材料，是通过各种技术，结合温度、压力和其他科学原理，对它们进行成型、硬化而制成的。

注塑机正在生产塑料玩具。

注塑成型

注塑成型是指将熔化状态的塑料注入中空模具，冷却成型得到产品的过程。塑料冷却硬化的速度非常快，通常仅需几秒钟。一台注塑机不断地将做好的成品从模具中倒出，然后注入新的塑料，就可以快速生产出成千上万个相同的物件，比如玩具士兵就是这样被做出来的！

挤压成型

通过挤压可塑性材料来制成各种形状物体的工艺叫作挤压成型。首先将熔化了的塑料倒入模具，然后从两侧挤压。塑料冷却后变硬，最终形成与模具一致的形状。看，塑料恐龙的皮肤纹理便是这样挤压而成的。

压铸成型

压铸与注塑类似，不过使用的是熔化了的金属而不是塑料。在玩具行业中，压铸成型工艺最常用于制作汽车、飞机等交通工具的模型，还可用来制作桌面游戏中的金属道具等。

压铸成型的轿车

小锡兵模具

桌面游戏道具

9

电动玩具

干电池是许多电动玩具的能量来源，它可以为玩具提供能量。干电池储存化学能，这是一种势能。干电池的能量释放后可以转化为动力、光亮或声音。

干电池是如何工作的？

干电池有多种类型，中国常用的干电池分为1号、2号、3号、5号、7号，其中5号和7号尤为常用。干电池内有一种叫作电解质的化学物质，它通过电解可以产生电子。电子是一种带负电荷的微粒。干电池的两端，突起的一端是正极，平坦的一端是负极。负极会释放电子，正极则接收电子。当干电池的两端连接在玩具或其他用电器上时，电解质便开始产生电子，电子从负极流向正极——电流由此产生。

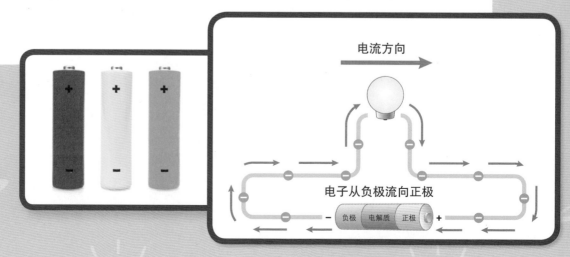

亮起来吧

当巴斯光年按下它手臂上的按钮时，手臂上就会发出伴着声音和光亮的"激光束"，这是因为电流被接通了。松开按钮则会关闭电路，也就是切断了电流，"激光束"随之关闭。

动起来吧

同样，在遥控赛车中，电池里的化学能可以转化为促使赛车运动的机械能。不过，能量并不是直接转移的，而是需要经历三个转化步骤：首先是电池中的化学能转化为电能，然后电能转化为机械能，驱动引擎，产生磁场，最后，磁场使得驱动轴旋转，为赛车提供动力。轰——赛车开动啰！

① 电池将化学能转化为电能。

② 电能转化为机械能，驱动引擎，引擎中的旋转部件产生磁场。

③ 磁场促使驱动轴旋转，驱动轴的运动通过齿轮传递到赛车的其他部分，带动车轮转动，赛车开动。

拼插类玩具

拼插类玩具可以激发孩子们的创造力，让孩子们在玩耍的同时，体会各种力的作用。让我们来看看玩具中的力学吧！

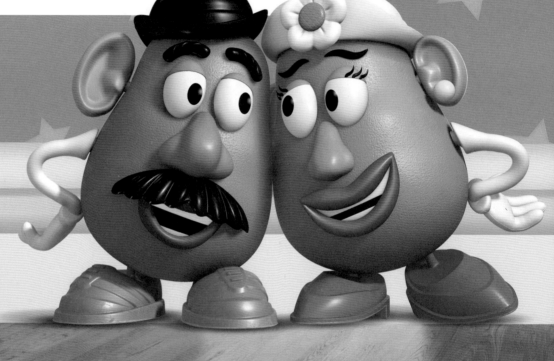

什么是力？

在我们讨论各种力之前，先给力下一个定义吧！在科学术语中，力是物体间的相互作用。其效果是使物体改变运动状态或发生形变。力的三大要素是大小、方向、作用点。

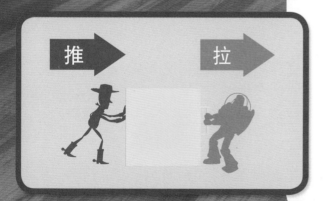

推　拉

积木

一些经久不衰的积木玩具的玩法类似于砌砖，还有的则是将插杆插入带有小孔的连接件中，将各个部件组装、固定起来。这两种类型的积木玩具都是通过压力和摩擦力的组合来工作的。压力使积木挤压在一起，摩擦力则决定着两个相互接触的物体表面滑动的容易程度。这些力共同作用，将组件固定到位。

蛋头夫妇

蛋头夫妇是拼插类玩具的代表。它们的每个插件都带有插杆，可以插入蛋头身体的小孔中，并牢牢地嵌进去。在这个拼插的过程中，压力增大，摩擦力也增大，使得插杆固定到位。当你想要拆掉它们去重新组合时，只需拉动其中一个插件，插杆便会滑落出来。这是因为你的手提供了足够大的力来克服摩擦力和压力。

玩具与运动定律

任何可以移动的东西，包括玩具，都可以为科学探讨提供无尽的话题。让我们来聊聊与玩具相关的运动定律吧。

玩游戏 = 做功

当科学家提到"做功"时，他们并不是在说"做功课"。作为科学术语，做功的意思是"用力移动物体"。也就是说，做功有两个必要的条件：一是物体要受力的作用，二是物体要在力的方向上移动一定的距离。所以，当你把玩具推来推去，或者将它们拿起时，用科学家的话来说，你就是在做功！

绕个圈

玩具车驶过360度大回环轨道时为什么不会掉下来呢？原来其中暗藏玄机。在环形轨道的顶部，重力将玩具车向下拉。同时，玩具车沿着环形轨道绕圈运动时会产生离心力，这种力对玩具车的作用方向恰好与重力方向相反，因此使得玩具车能够紧贴轨道。玩具车的速度越快，离心力越大。只要离心力大于或等于重力，玩具车就不会掉下来！

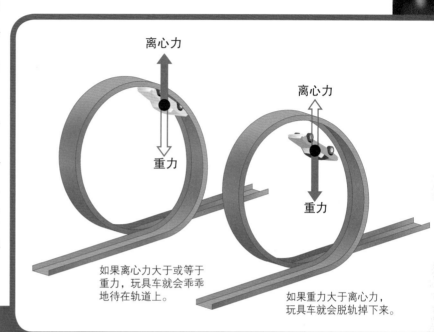

离心力

重力

离心力

重力

如果离心力大于或等于重力，玩具车就会乖乖地待在轨道上。

如果重力大于离心力，玩具车就会脱轨掉下来。

空手道——上劈下砍

巴斯光年能做出上劈下砍的空手道动作，其背后的科学原理与运动的基本定律——牛顿第一定律有关：在不受到外力的情况下，静止的物体将保持静止。大多数时候，巴斯光年的手臂是不会动的。如果按下按钮，巴斯光年体内隐藏的一个装置就会推动它的前臂。在外力的作用下，它便会做出上劈下砍的动作。

发条玩具

像莱尼这样的发条玩具都配备有发条装置。只要你给玩具的发条上劲，玩具便会依照设计的方式运动。这是如何做到的呢？其实，这类玩具遵循的工作原理大致相同，我们一起来了解一下吧！

能量转化和转移

能量转化是指能量从一种形式转变为另一种形式，能量转移是指能量从一个地方传递到另一个地方。在玩发条玩具时，首先得拧紧主发条——它的结构是柄头连接着一个金属线圈，你必须用点儿劲才拧得动哦！主发条以弹性势能的形式储存能量，在伸展时释放动能，驱动玩具运动。

金属线圈

做功的过程就是能量转化或转移的过程

手拧紧主发条，是在做功。

主发条驱动其他玩具部件，也是在做功。

柄头

金属线圈

手的能量 ➡ 主发条的能量 ➡ 玩具的能量

蹦蹦跳跳

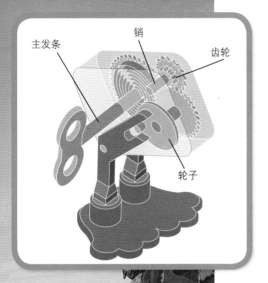

主发条　销　齿轮　轮子

能蹦蹦跳跳的发条玩具的构造比你想象中更为复杂！在这类玩具内部，齿轮、销、轮子会在主发条的驱动下，以复杂的方式运转并相互推动。最末端连接的部件是齿轮，齿轮一次前进一挡，每当它发出咔嗒一声，玩具的小脚便被推动着向前跳跃一下。

回力车

像潇洒公爵这类回力车是另一种形式的发条玩具。开动回力车无须拧动旋钮，只需往后转动汽车的车轮即可。就像其他发条玩具一样，这种玩具也将能量储存在主发条中。随着能量的释放，回力车嗡的一声就往前冲了！

发声玩具

有些玩具会发出声音，比如吱吱作响的三眼仔。听！你的玩具们好像在一起聊天呢。一起去看看吧！

吱吱作响

可怜的玩具企鹅吱吱的嗓子哑了，发不出原来的吱吱声了。它之所以曾经能发出吱吱声，是因为它具有发声器。玩具发声器的小孔上覆盖着一排排的软性塑料。当你挤压玩具时，空气就会从那些小孔中被挤出来，形成的气流使得塑料迅速振动，这种振动产生了我们听到的声音。

发声盒

像胡迪和盖比娃娃这样的玩偶体内藏着一个可由拉线激活的发声装置。拉线一拉，玩偶体内的小小发声盒就打开了。有些新型的拉线玩偶的体内也藏有机械发声盒。拉动拉线时，发声盒内的金属板会弯曲并相互接触，这样就形成了一个接通的电路，激活电池。电池产生的电流会触发一个小型的音频存储设备，这个设备将事先录制好的声音发送到扬声器，玩具就发出了声音。

我们为什么能听到声音？

我们的听觉让我们能够听到玩具发出的声音。我们知道，声音以振动的形式在空气中传播。这些振动传入耳朵，冲击我们耳朵中的鼓膜，使得我们的鼓膜像鼓皮一样振动。神经系统将这些振动信息传送到大脑，由大脑将这些信号解译为声音。这就是我们听到声音的原理。

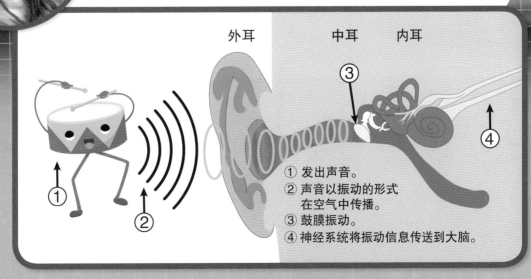

外耳　　　中耳　　内耳

① 发出声音。
② 声音以振动的形式在空气中传播。
③ 鼓膜振动。
④ 神经系统将振动信息传送到大脑。

弹簧玩具

　　像胡迪忠实的朋友——弹簧狗这类的弹簧玩具，自20世纪中期发明以来就深受儿童甚至成人的喜爱。这些可以拉伸、可以自己下楼梯的装置不只是好玩，而且是科学运用于实际生活的范例。

弹簧

　　传统的金属螺旋弹簧是弹簧的一种类别。金属螺旋弹簧是有弹性的，也就是说，在一定的外力作用下，它们既能弯曲也能伸长。只要不用力过度，弹簧就能恢复原样。不管是暂时性地还是永久性地改变弹簧的形状，都需要做功以产生势能。弹簧能恢复到它最初的模样，是动能和弹性势能在起作用。

会下楼梯的彩虹圈

你玩过彩虹圈吗？它可是能自己下楼梯的哦！彩虹圈是一种软弹簧玩具，当它的一端在一级台阶上，另一端处于下一级台阶时，重力会把整个玩具往下拉。这种拉力使得弹簧逐渐伸展开来，而玩具的上端则有一段时间因为惯性保持位置不变。当弹簧伸展到了一定的程度时，由重力形成的拉力就会把玩具的上端往下猛拽。在足够大的拉力作用下，玩具的上端会翻滚到下一级台阶上。如此循环往复，彩虹圈就能自己下楼梯啦！

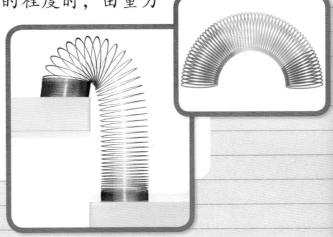

意外发明

彩虹圈最开始设计出来时并不是作为玩具。1943年，美国工程师理查德·詹姆斯发明了这种螺旋弹簧，本来是作为在波涛汹涌的大海中稳定船舶的装置，不过使用效果并不好，因此詹姆斯决定把它作为玩具推向市场。出人意料地，历史上最成功的玩具之一就这样诞生啦！最初的彩虹圈是由钢丝制成的，后来才增加了彩色塑料的款式。

到底是谁在说话？

你听说过"腹语"这种表演方式吗？腹语表演者的嘴似乎没有动，然而他手中的木偶开口说话了！腹语表演者是如何把自己的声音"转移"给像班森这样的木偶的呢？让我们来仔细看看这个舞台魔术吧！

转移声音

声音真的是从木偶的嘴里发出来的吗？当然不是！那只不过是你的感官在迷惑你罢了。听觉和视觉是在人脑的同一区域——大脑皮层中处理的。当你看到木偶的嘴唇在动，你的大脑会以为你听到的声音是由它发出的。哈哈，你被骗啦！声音其实是腹语表演者用一种特殊的发声技巧发出来的。

会说话的图像

听电视和电影中的人们说话，与腹语表演的原理相同。实际上，电视和电影中的人们说话的声音来自屏幕附近的扬声器，而不是直接从人的嘴巴中发出的。但是你的大脑会把图像和声音的输入联系起来，让你以为自己正在听图像中的人说话。

联觉

请不要感到惊讶，我们的大脑会以不同寻常的方式戏弄我们！联觉是一种较为罕见的情况，在这种情况下，大脑会把并不关联的感觉信息连接起来。因此有的人可能会"听到"或"品尝到"颜色、"看到"气味，或者当被人盯着时，感觉到"眼球被触摸"。这是一种特殊的心理现象。

玩具与绳子

绳子非常便利好用：牧羊女宝贝用一根溜索从古董店里溜了出去，拉动胡迪的线会激活它的发声盒……事实上，很多经典的玩具都用到了绳子。下面我们就来看看绳子与玩具产生了哪些奇妙的组合吧！

悠悠球

你玩过悠悠球吗？一个拿在手中的静止的悠悠球具有势能。在下降或上升时，悠悠球会产生动能，使悠悠球上下运动，并且围绕着轴的中心杆旋转。在这个过程中产生的摩擦力会减慢悠悠球的速度，你可以通过轻轻拉动绳子给它补充能量，保持它的运动。悠悠球的运动过程就是动能与势能不断转化的过程。如此简单的玩具，竟然蕴藏着这么多科学知识！

花式降落

你还记得吗？巴斯光年第一次尝试"花式降落"时，挂在了一架玩具飞机上。这架玩具飞机是用绳子固定在天花板上的，于是巴斯光年只能在空中绕圈——绳子的张力对巴斯光年施加了一种力，使它保持圆周运动。如果绳子断了，那个力就会消失，它便会继续往前飞！

板球玩具

板球玩具就是一块木拍上连接了一条弹力绳，弹力绳上拴着一个小橡胶球。用木拍击球，球被弹了出去，弹力绳随之伸展，直至达到极限，此时弹力绳的弹性势能最大，小橡胶球运动至最远处。紧接着，随着弹力绳的回弹，弹性势能转化为动能，小球被拉了回来。再次击球，就可以不断地重复这个能量转化的过程了。

毛茸茸，软绵绵

所有的玩具都可以教给我们一些科学知识，像达鸭和兔哥这样的毛绒玩具也不例外。我们来看看毛绒玩具中的科学吧。

心灵慰藉

毛绒玩具是由布、毛绒和填充物组成的玩偶。有不少孩子会对某一个毛绒玩具产生心理依赖，认为那个毛绒玩具是真实存在的，有自己的个性和思想。心理学家称这些特殊玩具为过渡性客体或安抚玩具。当监护人不在时，毛绒玩具会陪伴孩子，给予孩子心灵慰藉。

嗅觉

草莓熊闻起来真的有草莓味哦！我们是如何闻到这些美妙的气味的呢？原来，具有香味的玩具会释放出一种叫作分子的微小颗粒，这些分子被我们吸入鼻腔后，会与嗅觉感受器结合。嗅觉感受器向大脑发送信息，大脑会根据分子的化学特征判断我们闻到了什么。

触感柔软

泰迪熊摸起来毛茸茸的，抱起来软绵绵的。我们能体会到这些感觉，多亏了皮肤和肌肉中的感受器。这些感受器能接收有关疼痛、压力、温度、拉伸和瘙痒等信息，它们将这些信息发送给大脑，由大脑进行识别。在感受器的帮助下，你就能体会到泰迪熊带给你的痒酥酥的感觉了！

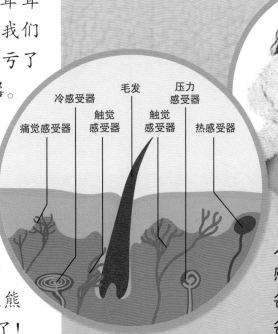

冷感受器　毛发　压力感受器

痛觉感受器　触觉感受器　触觉感受器　热感受器

人体皮下遍布多种感受器，它们形态各异，分布在皮下各处。

球类玩具

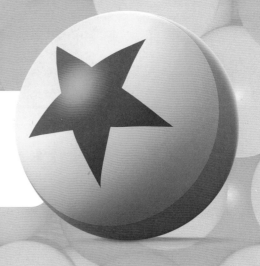

说到玩具，没有什么比球类玩具更常见、更有趣了。球类玩具弹跳的科学原理是什么呢？

球落地后为什么会弹起？

球撞击地面时，动能会发生转化和转移。其中一部分动能转化成热量和声音，一部分被球击中的地面吸收。还有一部分动能会让球体变形，因为球是有弹性的物体，它会回弹到原样。由球体变形产生的弹性势能会将球向上推，然后反弹回去。如此反复，直到球的动能耗尽，静止下来。

天然橡胶

　　许多有弹性的球最初采用的是天然橡胶。天然橡胶主要产自印度和马来西亚，它的原料是从橡胶树上提取的一种叫作胶乳的汁液。为了收集胶乳，当地的采胶工人将抽液管插入橡胶树的树干，胶乳便流入桶中，然后被运到工厂加工成固体橡胶。

超级弹力球

　　超级弹力球不是由天然材料制成的，而是由一种特殊材料合成的，这种特殊材料由无数个连接得特别紧密的分子构成。当从高处落下撞击地面时，超级弹力球损失的能量很少。因为几乎所有的能量都转化为动能，所以超级弹力球向上反弹的高度几乎与最初下落时的高度一样。

飞行玩具

在意识到自己是玩具之前，巴斯光年以为自己会飞。实际上它并不会。不过有很多玩具是可以飞的。高一点，再高一点，它们飞起来啦！

纸飞机

纸飞机在飞行过程中主要受到推力、阻力、升力和重力四种力的影响。推力是促使纸飞机向前运动的力；阻力是抵抗这种运动的力；升力是气流向上推动机翼，使纸飞机升空的力；重力与升力的方向相反，是将纸飞机向下拉的力。当升力和重力平衡时，纸飞机可以飞得很远；如果升力和重力不平衡，纸飞机飞不了多远就会坠落。其实真正的飞机也是如此！

升力

阻力

推力

重力

风筝

放飞的风筝与纸飞机相似，也受到几种力的影响。风筝同样需要借助流动的空气——风——来产生升力，与之平衡的力是绳子的拉力和风筝自身的重力。风筝平稳地飞在空中，所需的风力取决于风筝受到的重力和它的外形设计。

无人机

无人机采用可旋转的机翼，也就是螺旋桨来产生推力。螺旋桨的转速决定了推力的大小。当螺旋桨快速旋转时，推力大于重力，无人机上升；当无人机到达所需高度时，操作员会减慢螺旋桨的转速，直到推力和重力相等，这样，无人机就悬停在空中啦！接下来，请你开动脑筋，思考一下无人机下降时的情况吧！

尽在掌控

纵观人类历史，在很长一段时间里，控制玩具的唯一方法就是以某种方式接触它。今天，科技却让我们可以远距离控制遥控赛车和其他电子产品。让我们来看看这门超级科学是如何做到的吧！

无线电控制和远程控制

无线电控制和远程控制类似，但两者并不完全相同。远程控制是指在远处进行的任何类型的控制。指令可以通过连接的电线以电子信号的形式发送，也可以通过无线电波在空中传输。如果使用的是无线电波，就叫作无线电控制。所有的无线电控制都是远程控制，但并非所有的远程控制都是无线电控制。你明白它们之间的关系了吗？

无线电波是什么?

无线电波是一种电磁波,可以传输信息。我们用电磁波谱来描述宇宙中电磁波的波长范围。电磁波虽然看不见、摸不着,但科学家们已经测出,它的形状有点儿类似于海洋中的波浪,同样具有波峰和波谷。有些波的波长较短,上下波动得较快,可以说这些波的频率较高;还有些波的波长较长,上下波动得较慢,可以说这些波的频率较低。无线电波的频率在电磁波谱中是最低的。

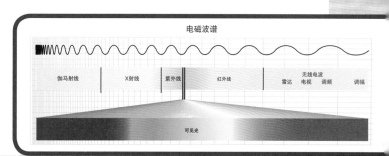

电磁波谱

伽马射线　X射线　紫外线　红外线　雷达　无线电波　电视　调频　调幅

可见光

对讲机

对讲机是由电池供电的无线电收发机,既可以发送信号,也可以接收信号。当你按下按钮时,传输模式启动,你就可以对着设备说话了;当你松开按钮时,设备进入接收模式。对讲机所收发的信息是通过无线电波在不同设备之间传播的。常规对讲机的通话距离可达5千米,但如果有高大建筑物阻挡,通话距离会相对短些。

蓝牙设备

像对讲机一样,蓝牙设备也是通过无线电波进行通信交流的,一般适合在10米或者更短距离内使用。蓝牙设备,包括耳机、汽车及一些带有内置扬声器的语音玩具,一般可以通过智能手机上的应用程序来控制。

玩具设计

玩具不会如魔术般凭空出现，而是需要玩具设计师经过精心设计，将外观、材料和功能完美融合才能来到你的手中。其中用到的多种技术已有好几百年的历史。

玩具原型

玩具原型指玩具的初步模型。在确定玩具的最终模型之前，一名设计师可能会设计出几十个原型，一次又一次地进行调整、优化。一般来说，原型都是由设计师手工制作的。这个过程需要耗费他们大量的心血，有的可能需要好些年！

设计艺术

原型设计是一门艺术！比如，为了创作一个新的玩偶，设计师团队会先在玩偶样品的头部进行妆容设计，然后用缝纫机缝制头发，再设计衣服款式，并手工剪裁出来。设计师们会准备数百套服装给玩偶样品反复试穿，并进行效果评价，最终确定玩偶的模样。

技术制图

技术制图所绘制的设计图纸，能够以准确的比例，多角度地精确呈现玩具整体或零部件的图像。玩具制造商以设计图纸作为模板，制造出所呈现的玩具。一名设计师要掌握技术制图的技巧，那可需要经过多年的学习和训练。可见，设计出一款玩具也并非易事呢！

迈向高科技

现代科技颠覆了玩具设计的过程，曾经只能用手工完成的事情，现在用计算机就可以搞定。计算机的使用，让玩具设计变得更快捷、更容易、更准确。

计算机辅助设计软件

计算机辅助设计（CAD）是指利用计算机及其图形设备帮助设计人员进行设计工作。玩具设计师无须再进行手工绘制，而是在计算机上用CAD软件完成玩具及其配件的技术制图工作，这比手工绘图更快、更精确。

3D打印

　　如今，玩具设计师可以使用三维（3D）打印机来制作玩具样品和玩具零件。他们先在电脑中绘制好模型的图纸，再用3D打印机将模型一层一层地打印出来。其中的每一层都是用塑料或其他打印材料印制的，等一层干燥后，再在上面添加一层。多次重复这个过程，层层叠加，最终，一个玩具或零件就被打印出来啦！

计算机动画

　　现如今，在玩具，甚至汽车、飞机和其他机械设备正式生产之前，不用再制造出模型了，用计算机动画软件就可以对它们进行测试！比如，玩具设计师可以在计算机动画软件中组装一个虚拟玩具，以确保各个零件安装正确，并按照预想的模式工作。虚拟玩具通过测试之后，再制作出实物。回想以前的玩具设计师需要制作上百件样品才能成功一次，用计算机动画是不是便捷多了？

未来的玩具

皮球、积木、洋娃娃这些经典玩具永远不会过时。与此同时，随着技术的不断发展，新型玩具也会层出不穷。我们一起看看未来的一些玩具还会有何奇妙之处吧。

脑电波控制

有一类玩具，你不需要接触它，也不需要用遥控器操控它，通过意念便可以控制，是不是很神奇呢？这类玩具内装有脑电波传感器。你把传感器戴在头上，一旦心有所想，大脑便会产生电子信号，传感器接收这些信号后将它们传输给玩具，玩具便乖乖地听从你的指挥了！只不过，目前脑电波控制技术才刚刚起步，相信它会很快发展起来的。

虚拟现实

在体验虚拟现实（VR）技术时，你需要戴上VR头戴式显示设备。通过它，你会看到由计算机生成的图像——你的身体怎么动，它们就跟着怎么动，你会因此产生强烈的沉浸感，以为自己真的置身于所看到的场景之中。如今，VR技术已经在游戏中得到广泛运用，说不定在未来会成为司空见惯的玩具呢。

人工智能

你听说过吗？拥有人工智能（AI）的玩具会学习。它们身体里藏着计算机，能够模仿人类的方式处理问题。现在已经有这样一种能陪你聊天的AI玩具，你们交流得越多，它就越了解你的喜怒哀乐。你期待与这样的玩具成为朋友吗？

快乐的旅程即将结束

在胡迪和它的朋友们的帮助下，你一定对玩具的设计和运作原理有了不少了解，也一定学到了很多科学知识吧？每一个玩具，无论长什么样或是能做什么，都蕴藏着科学知识。既然你已懂了这么多，是时候该自己尝试一下了。快拿出你心爱的玩具，观察它们是否蕴含着本书中所谈到的科学原理。如果你恰好有一个本书中没有提到的玩具，可以试着用你所学到的科学知识去解释它的原理。你会发现，学习科学真的就像玩耍一般有趣！

想一想

至此，玩具之旅就告一段落了。你是否意犹未尽呢？请你对照本书讲述的内容，思考下面的问题吧。

1. 你是否拥有本书中没有提到的玩具类型？

2. 在你所拥有的玩具中，它们哪些需要安装电池，哪些需要拧紧发条，哪些需要你来动手创造，哪些又能给你以安抚呢？试着将它们分分类。

3. 你会和你的小伙伴们分享彼此的玩具吗？在和小伙伴们一起玩玩具时，你能告诉他们这些玩具所蕴藏的奥秘吗？

4. 去问一问爸爸妈妈，他们小时候玩过哪些玩具？和你的玩具有什么不同？

5. 如果让你独立设计一款玩具，你会为它添加一些什么有趣的功能？

从书中找找答案

1. 电池、发条、弹簧、绳子分别是如何让玩具动起来的？它们分别将什么形式的能量转化成了动能？

2. 力的三要素是什么？做功的含义是什么？

3. 飞机是如何在天空中翱翔的？

4. 人类的大脑总是诚实的吗？

5. 人体的感受器有哪些？它们分别是如何工作的？

6. 在未来，人工智能将如何改变玩具？

**请你继续保持你的好奇心，
带着探索的勇气去和玩具们玩耍吧！**

做一做

来试着做一个属于自己的独一无二的叉叉吧！

需要准备的材料：塑料勺子或叉子、超轻黏土或热熔胶、扭扭棒、小木棍或雪糕棒、彩色记号笔。

具体的制作步骤如下：

1. 用彩色记号笔在塑料勺子或叉子的背面画出叉叉的五官。

2. 将扭扭棒缠绕在勺柄上，做出叉叉的两条手臂。

3. 将小木棍或雪糕棒折断成合适的长度，用超轻黏土或热熔胶将它们固定在勺柄的尾端，做出叉叉的两只脚。

看看你的叉叉能不能稳稳地站起来吧。

你还能开动脑筋，找爸爸妈妈帮忙，用家里现有的材料做出更多新奇的玩具吗？赶快试一试吧！

图书在版编目（CIP）数据

玩具的秘密 / 青橙编著；陈月红译 . — 上海：华
东理工大学出版社，2023.6
　（超级科学 + 系列）
　ISBN 978-7-5628-7056-2

　Ⅰ . ① 玩… Ⅱ . ① 青… ② 陈… Ⅲ . ① 玩具 – 儿童读
物 Ⅳ . ① TS958-49

中国国家版本馆 CIP 数据核字 (2023) 第 074164 号

・・

项目统筹 / 曾文丽
责任编辑 / 陈　涵
责任校对 / 孟媛利
装帧设计 / 居慧娜
出版发行 / 华东理工大学出版社有限公司
　　　　　　地址：上海市梅陇路130号，200237
　　　　　　电话：021-64250306
　　　　　　网址：www.ecustpress.cn
　　　　　　邮箱：zongbianban@ecustpress.cn
印　　刷 / 上海雅昌艺术印刷有限公司
开　　本 / 787 mm×1092 mm　1/16
印　　张 / 3
字　　数 / 32千字
版　　次 / 2023年6月第1版
印　　次 / 2023年6月第1次
定　　价 / 30.00元

・・